Yogesh Patil

Carro de bois para o transporte de cana-de-açúcar na Índia

Yogesh Patil

Carro de bois para o transporte de cana-de-açúcar na Índia

ScienciaScripts

Imprint

Any brand names and product names mentioned in this book are subject to trademark, brand or patent protection and are trademarks or registered trademarks of their respective holders. The use of brand names, product names, common names, trade names, product descriptions etc. even without a particular marking in this work is in no way to be construed to mean that such names may be regarded as unrestricted in respect of trademark and brand protection legislation and could thus be used by anyone.

Cover image: www.ingimage.com

This book is a translation from the original published under ISBN 978-3-659-81455-6.

Publisher:
Sciencia Scripts
is a trademark of
Dodo Books Indian Ocean Ltd. and OmniScriptum S.R.L publishing group

120 High Road, East Finchley, London, N2 9ED, United Kingdom
Str. Armeneasca 28/1, office 1, Chisinau MD-2012, Republic of Moldova, Europe
Printed at: see last page
ISBN: 978-620-8-15530-8

CONTEÚDO

CAPÍTULO 1. INTRODUÇÃO

1.1 Antecedentes

As carroças de tração animal têm um potencial considerável para uma utilização generalizada porque são;

(a) Capaz de responder eficazmente às necessidades locais de transporte,

(b) Não limitado à utilização em estradas com motor,

(c) Acessível e socialmente aceitável,

(d) Alimentado por fontes renováveis e

(e) Adequado para produção e manutenção utilizando principalmente recursos locais.

Em geral, as carroças de tração animal podem desempenhar um papel importante no fornecimento de transporte eficiente e barato para transportar produtos e factores de produção agrícolas, água para uso doméstico e produtivo, materiais de construção, bens comerciais, resíduos sólidos, etc. Além disso, a produção local de veículos pode oferecer oportunidades para a criação de novos postos de trabalho, tanto no sector formal como no informal.

É frequentemente sugerido que os esforços devem ser concentrados na promoção de meios de transporte mecanizados, em vez de meios baseados em animais. No entanto, a utilização generalizada de veículos motorizados depende da capacidade do utilizador para encontrar os recursos financeiros necessários e da existência de estradas com motor e de serviços de apoio técnico. Além disso, em muitos países, os custos de importação de petróleo são um fator limitativo. Assim, embora seja inevitável um crescimento constante da mecanização dos transportes, o transporte de tração animal pode ainda desempenhar um papel significativo.

Atualmente, a maioria das pessoas nos países em desenvolvimento não é adequadamente servida por sistemas de transporte. Nas zonas rurais, a maioria das pessoas vive a uma distância considerável de uma estrada convencional e, apesar dos grandes esforços para desenvolver redes rodoviárias rurais, há poucas esperanças de que se atinja uma densidade rodoviária óptima num futuro próximo. A densidade rodoviária óptima será atingida no futuro próximo. Além disso, mesmo nas zonas onde as povoações têm acesso a estradas, as condições económicas não permitem um grande aumento da utilização de veículos motorizados convencionais numa rede rodoviária alargada.

Geralmente, a capacidade de carga líquida de um pneu convencional é de 1 a 2,5 toneladas, mas não é possível para um novilho transportar uma carga tão grande numa estrada irregular e escorregadia. É por isso que é necessário desenvolver um mecanismo que ajude os novilhos a reduzir os seus esforços.

O nosso instituto, "Rajarambapu Institute of Technology, Sakharale", está situado na cintura do açúcar. É por isso que, aqui, podemos ver os mesmos problemas em relação aos carros de bois e aos bois. Aqui, podemos ver problemas relacionados com as estradas, como estradas irregulares, subidas e descidas, estradas escorregadias, etc. Neste tipo de estradas, é difícil para os carros de bois transportar grandes cargas. Assim, ocorrem muitos acidentes e, devido a estes acidentes, podem ocorrer danos pequenos ou mesmo fatais. Além disso, a carroça fica danificada. Os outros utentes da estrada também podem ser afectados. Por isso, esta situação torna-se um grande problema da nossa sociedade. Para ultrapassar este problema, temos de encontrar uma solução alternativa adequada.

Na última década, registou-se um interesse crescente na utilização da força animal de tração na agricultura e, em menor grau, nos transportes. Cada vez mais países em desenvolvimento estão a aceitar que a utilização da tração animal é uma etapa necessária no processo de transformação de agricultores de subsistência de baixo rendimento, equipados com ferramentas manuais primitivas, em produtores mecanizados de alta produtividade. Além disso, os animais de tração constituem uma valiosa fonte de energia que utiliza apenas fontes de energia renováveis. Embora existam atualmente muitos programas que visam o estabelecimento de sistemas agrícolas baseados em animais, o desenvolvimento de formas eficientes de transporte tende a ficar atrás de formas melhoradas de cultivo e colheita. Este facto é, em certos aspectos, surpreendente, uma vez que, como a FAO observou há muitos anos, o agricultor é, acima de tudo, um transportador. Uma agricultura eficiente exige que os factores de produção sob a forma de sementes, fertilizantes, insecticidas e pesticidas sejam fornecidos nas quantidades certas e no momento certo. Da mesma forma, os produtos agrícolas devem ser transportados para o mercado ou para o armazém quando o crescimento ótimo tiver sido alcançado. Mesmo no caso de operações de subsistência, o peso dos movimentos de mercadorias gerados por um agregado familiar pode exceder várias toneladas, e há provas, através de estudos, de que estas necessidades de transporte já constituem uma limitação à produção dos pequenos agricultores. Ao procurar melhorar a produção agrícola, é portanto essencial que os meios de transporte envolvidos sejam melhorados em conformidade. O acesso a um veículo de tração animal pode constituir uma melhoria simples, manejável e económica em relação aos métodos de transporte existentes, que frequentemente consistem apenas em deslocações humanas. A propriedade ou mesmo a possibilidade de alugar a utilização de uma carroça liberta o agricultor da dependência de serviços de veículos a motor que são frequentemente pouco fiáveis e dispendiosos. Além disso, os carros têm uma capacidade de carga que é muito mais adequada para a maioria das necessidades de transporte de pequenas cargas e curtas distâncias dos agricultores.

Também têm a capacidade de operar através dos campos e ao longo de caminhos e trilhos que geralmente não podem ser utilizados por veículos motorizados. O fornecimento de estradas e veículos motorizados pode resolver apenas uma parte das necessidades de transporte dos agricultores, porque estes meios de transporte estão orientados para a deslocação entre um ponto de recolha de mercadorias e o mercado central, e não entre a exploração agrícola e o ponto de recolha. Só recentemente é que se reconheceu a magnitude das necessidades de movimentação de mercadorias associadas ao transporte na exploração e da exploração para o ponto de recolha. Nas aldeias, afastadas do sistema rodoviário, a falta de transporte eficiente para estas actividades resulta numa perda muito considerável do potencial rendimento em dinheiro dos agricultores. Os métodos existentes são muitas vezes árduos e demorados, limitam a capacidade de deslocação dos produtos e, consequentemente, limitam o incentivo para produzir mais.

A falta de transportes locais eficientes pode também levar à exploração por parte dos poucos comerciantes que chegam às aldeias. Se um agricultor for capaz de transportar os seus produtos para um ponto de recolha, pode esperar um melhor retorno pelo seu trabalho. As carroças de duas e quatro rodas puxadas por bois, cavalos, burros, mulas ou camelos são muito utilizadas para o transporte agrícola em certos países. Têm um potencial considerável para uma utilização mais alargada, uma vez que:

- são capazes de satisfazer eficazmente as necessidades do movimento rural

- são acessíveis e socialmente aceitáveis

- podem ser produzidos e mantidos utilizando principalmente recursos locais, criando assim oportunidades de emprego

- não estão limitados à utilização em estradas com motor

- podem ser amplamente disponibilizados devido ao seu baixo custo de capital.

Há outra consideração importante. Mesmo que os animais sejam utilizados para todas as principais actividades agrícolas: preparação da terra, sementeira, monda e colheita, os animais só são trabalhados durante períodos relativamente curtos do ano. Se os mesmos animais forem também utilizados para o transporte, o custo da sua manutenção pode ser distribuído por uma maior quantidade de trabalho útil. Além disso, e especialmente quando a tração animal está a ser introduzida pela primeira vez ou os animais são jovens, a utilização regular de animais para transporte e para operações agrícolas mantém a sua familiaridade com o trabalho com arreios. Nos países onde a utilização de carros de tração animal está generalizada, não são apenas os agricultores que beneficiam da sua utilização. Muitas pessoas ganham a vida na sua construção e manutenção. As carroças são também utilizadas por muitos artesãos, empresas de serviços, indústrias de construção e de transportes. São particularmente úteis para deslocações de curta distância, suburbanas e urbano-rurais, que seriam relativamente dispendiosas em veículos motorizados.

Uma carroça bem concebida aumenta grandemente a carga que pode ser movida pelos animais em comparação com a que pode ser transportada às costas ou puxada num trenó. As carroças deveriam ser leves, mas fortes, ter sistemas de rodas/eixos eficientes e simples de fabricar e estar equipadas com um meio eficiente de prender os animais. Embora nenhum destes requisitos seja tecnicamente exigente, a experiência demonstrou que, para que tais dispositivos sejam produzidos e utilizados com êxito, é necessário que o sejam:

- adaptados cuidadosamente às condições locais de funcionamento em termos de terreno, tipo de utilização e caraterísticas dos animais de tração autóctones

- concebidos para ter em conta as condições locais de produção em termos de disponibilidade de componentes, materiais e competências de fabrico

- fabricados de uma forma e a uma escala que correspondam às capacidades da indústria local

- Comercializado a um preço acessível, com crédito disponível, se necessário.

1.2 Relatório sobre o bem-estar dos animais

As carroças de tração animal, especialmente as carroças de bois, são o modo de transporte mais antigo, existindo na Índia e em alguns outros países desde o passado desconhecido. Existem cerca de 15 milhões de carros de bois na Índia. As estatísticas mostram que o número de carros de bois não diminuiu nos últimos 30 anos, contrariando o conceito popular de que os carros de bois desaparecerão com o desenvolvimento da sociedade. As razões são muitas. O facto é que, ainda na Índia, os carros de bois são o meio de transporte mais importante em muitas partes da Índia rural. Infelizmente, a tecnologia dos carros de bois não foi melhorada. Os carros de bois convencionais são feitos de rodas de madeira e de um suporte de carga de bambu/madeira (conhecido como plataforma). Mais de 80% dos carros de bois são do tipo convencional. Apenas um pequeno número de carroças foi parcialmente convertido em metal (o que não pode ser considerado "melhorado"). Dado que este modo de transporte existirá na Índia, é necessário melhorar a tecnologia.

1.3 Motivação do presente trabalho

De acordo com o nosso inquérito, só no distrito de Sangli, existem cerca de 13 fábricas de açúcar que utilizam cerca de 13 000 carros de bois. Assim, se conseguirmos resolver estes problemas relativos aos carros de bois, cerca de 20-26 mil carros de bois serão beneficiados só em Sangli. Além disso, outros acidentes rodoviários relacionados com os carros de bois serão minimizados. Por isso, é necessário trabalhar sobre este tema e encontrar soluções adequadas para melhorar o estatuto social.

- Os carros de bois melhorados serão duráveis (mais de 25 anos), o que proporcionará uma melhor economia aos agricultores ou às pessoas pobres a quem os carros de bois se destinam.

- Uma vez que a fonte de energia produzida cientificamente (combustível fóssil) é deliciosa, a utilização de energia animal deve ser aumentada tanto quanto possível.

- É um método de comunicação muito sustentável quando a conetividade rodoviária é fraca e o tempo não é um fator limitativo.

- É amigo do ambiente e não polui.

1.4 Finalidade e objectivos

O principal objectivo deste trabalho de projeto é desenvolver um carro amigo do novilho e ajudar a aumentar a segurança do novilho.

Os objectivos deste trabalho são

1. Aumentar o nível de conforto dos novilhos.

2. Prever um mecanismo de travagem para um movimento suave.

3. Para minimizar o esforço de tração dos novilhos.

4. Criar uma atmosfera amiga do ambiente e livre de poluição.

5. Fornecer uma solução adequada com um custo mínimo.

1.5 Encerramento

Este capítulo apresenta todos os pormenores sobre a situação atual dos carros de bois na Índia. Além disso, o inquérito realizado no distrito de Sangli sobre o número de carros de bois e de touros, indica-nos o vasto campo de trabalho a realizar no âmbito desta secção. O capítulo também esclarece a finalidade e o objetivo do projeto

CAPÍTULO 2. REVISÃO DA LITERATURA

2.1 Introdução

Esta secção inclui o levantamento bibliográfico de investigações anteriores efectuadas por vários investigadores sobre as modificações do carro para reduzir os esforços dos touros. Esta secção apresenta o resumo dos seus trabalhos de investigação.

2.2 Teoria e práticas actuais

1) S. S. VENKATARAMANAN [1] refere no seu relatório os problemas e as potencialidades dos carros de bois na Índia. Também indicou a força e outras capacidades do carro de bois relativamente ao material utilizado e ao trabalho a efetuar. Também indicou os custos das várias peças utilizadas na construção do carro.

O documento está dividido em três partes

1. Problemas e potencialidades.

2. Resultados de um estudo VE do carro de bois durante uma oficina de 40 horas - março de 1978.

3. Os problemas residuais - funções necessárias que ainda não foram asseguradas de forma satisfatória a custos aceitáveis e que são, por conseguinte, objeto do painel de trabalho desta conferência.

2) M R RAGHAVAN e D L PRASANNA RAO [2] explicam neste relatório as cargas no pescoço dos touros. Também são explicadas aqui outras cargas sobre a carroça com os breves fenómenos estruturais.

3) K. N. RAMANUJAM [3] explica no seu livro as funções complementares dos carros de bois no transporte rural, com especial referência ao tráfego das fábricas de açúcar, Mandi, etc. Refere também o custo do investimento e da modernização dos carros de bois nas zonas rurais.

4) A. L. KAPELEVICH e Y. V. SHEKHTMAM [4] referem na sua dissertação as várias tensões de flexão no mecanismo de engrenagem.

5) A.A.HERBART e A.O. CURRIE [5] descrevem no seu artigo a análise do suporte do eixo fabricado pela borg warner Australia para o Pontiac firebird. O objetivo da análise era modelar a separação da coroa e da engrenagem do pinhão.

6) SRS. SANTOSH S BAGEWADI, DR. S. N. KURBET e PROF.I.G.BHAVI [6] apresentam na sua dissertação o projeto e a análise de um pinhão cónico em espiral para a caixa de velocidades do diferencial da Pickup Bolero.

As engrenagens cónicas são amplamente utilizadas devido à sua aptidão para a transferência de potência entre veios não paralelos a praticamente qualquer ângulo ou velocidade. As engrenagens cónicas em espiral, em comparação com outras engrenagens cónicas, têm uma ação adicional de sobreposição de dentes que cria uma malha de engrenagem mais suave. Esta transmissão suave de potência ao longo dos dentes da engrenagem ajuda a reduzir o ruído e a vibração que aumentam exponencialmente a velocidades mais elevadas.

Atualmente, o veículo pick-up Bolero da Mahindra Company funciona com um pinhão presente na caixa de velocidades diferencial com 11 números de dentes.

7) S. H. GAWANDE, S.V. KHANDAGALE, V. T. JADHAV, V. D. PATIL e D. J. THORAT [7] explicam a conceção, o fabrico e a análise da engrenagem e do pinhão da coroa do diferencial para o eixo MFWD O principal objetivo deste artigo é realizar a conceção mecânica da roda da coroa e do pinhão na caixa de engrenagens do diferencial do eixo MFWD (FWA) (do TAFE MF 455). É explicada a modelação detalhada, a montagem e a análise do dente da engrenagem e do pinhão da coroa, que é efectuada em Pro-E.

CAPÍTULO 3. CARACTERÍSTICAS E AVALIAÇÃO DOS CARRINHOS

3.1 Introdução

O objetivo deste capítulo é descrever e avaliar as caraterísticas dos diferentes tipos de carroças de tração animal. O capítulo faz uma análise comparativa das vantagens e desvantagens dos diferentes tipos de carroças em termos de parâmetros como:

- custo;

- capacidade de carga;

- velocidade de deslocação;

- eficiência de desempenho;

- capacidade de terreno;

- utilização dos recursos locais;

- facilidade de manutenção.

Esta análise fornece a informação necessária para avaliar o potencial de desempenho dos diferentes tipos de carrinho e para preparar uma especificação global do tipo mais adequado a um conjunto particular de condições de fabrico, propriedade e funcionamento. A especificação de um determinado tipo de carrinho pode ser dividida em quatro elementos básicos:

• Configuração do carrinho - o número e o tipo de rodas utilizadas e o tipo de construção da estrutura.

• Tração animal - o número e o tipo de animais utilizados para puxar a carroça, o tipo de arnês utilizado e o método de atrelagem do(s) animal(ais).

• Carroçaria - o tipo de carroçaria montada na estrutura de base do carrinho e, por conseguinte, a sua utilidade para transportar diferentes tipos de carga.

• Conjunto roda/eixo - o tipo de rodas, pneus e rolamentos utilizados, o método de montagem das rodas no carrinho e a utilização de suspensão e travões.

A especificação de cada um destes elementos é, em grande medida, independente dos outros. Por conseguinte, é mais útil avaliar as caraterísticas dos carrinhos elemento a elemento. Assim, a abordagem adoptada neste capítulo consiste em analisar as vantagens e desvantagens de diferentes especificações para cada elemento. Esta informação pode então ser reunida para fazer uma avaliação global de uma determinada conceção de carrinho utilizando o "método de seleção" apresentado no final do capítulo. Do mesmo modo, a informação pode ser analisada para preparar uma especificação de carrinho adequada a condições particulares.

Este capítulo concentra-se em:

• Os tipos de carrinho que são amplamente utilizados nos países em desenvolvimento e dos quais existe uma experiência operacional substancial disponível.

• Inovações e desenvolvimentos recentes na conceção de carrinhos, relevantes para as condições dos países em desenvolvimento, e que estão atualmente a ser aplicados, ou que poderiam ser aplicados de forma benéfica, para melhorar o desempenho, a utilidade ou a viabilidade económica dos carrinhos de tração animal.

No entanto, também é útil compreender um pouco da história das carroças de tração animal, não só nos países em desenvolvimento onde são um meio de transporte tradicional, mas também no mundo industrializado. Na Europa e na América do Norte, as carroças de tração animal foram o principal meio de transporte terrestre até à popularização do veículo motorizado no início do século XX. O desempenho de alguns dos veículos puxados por cavalos era notável. No início do século XIX, as carruagens de correio inglesas faziam regularmente uma viagem de 420 km em 27 horas, com uma média de mais de 20 km/h em certos troços. Para conseguir isto, era necessária uma organização elaborada e muitas mudanças de cavalos, um sistema de funcionamento que não é relevante para as condições dos países em desenvolvimento, mas o exemplo ilustra o potencial de desempenho das carroças de tração animal. Olhando para outro aspeto do desempenho, as carroças de madeira de quatro rodas puxadas por dois cavalos, com uma capacidade de carga de três a quatro toneladas, eram utilizadas em grande número para transportar bens agrícolas.

A utilização tradicional e atual mais extensiva de carroças de tração animal nos países em desenvolvimento é na Ásia, principalmente no subcontinente indiano e na China. Na Índia atual, calcula-se que sejam utilizados cerca de 15 milhões de carroças de tração animal, que transportam cerca de 15 000 milhões de toneladas-km de mercadorias por ano. Calcula-se que cerca de 80% destas carroças estejam localizadas em zonas rurais, mas que sejam exploradas mais intensamente em zonas urbanas, onde as distâncias de viagem tendem a ser mais longas, as cargas maiores e os animais são pouco utilizados para outros fins. A maior parte destas carroças são tradicionais, de madeira, com duas rodas, fabricadas por carpinteiros locais e puxadas por um ou dois novilhos, embora uma pequena percentagem tenha pneus pneumáticos e rolamentos de elementos rolantes. No Sri Lanka, em 1978, havia duas vezes mais carros de bois em uso do que camiões e tractores-reboques. A maioria destes veículos era semelhante ao tipo tradicional indiano.

Na China, que também tem uma longa história de utilização de carroças de animais, o Governo fez um esforço consciente, na década de 1950, para aumentar a eficiência dos veículos tradicionais. Foram criadas fábricas especiais para o fabrico em grande escala de eixos e jantes de aço, pneus pneumáticos e rolamentos de esferas, que podiam ser incorporados em outros tipos tradicionais de carroças. Atualmente, é utilizada uma grande variedade de carrinhos diferentes, com capacidades até 8 toneladas, muitos dos quais beneficiam da tecnologia melhorada.

3.2 Configuração do carrinho

As duas configurações básicas de carroças de tração animal são as de duas rodas e as de quatro rodas. Ao avaliar as caraterísticas das carroças de duas rodas, é importante distinguir entre as que têm rodas de pneus maciços e as que têm pneus pneumáticos. Esta distinção não é relevante para os carrinhos de quatro rodas, porque é altamente improvável que estes sejam atualmente construídos com rodas de pneus. Nesta secção é feita referência à capacidade de carga útil e ao peso das diferentes configurações de carrinho. É importante compreender que a capacidade de carga útil depende de outros factores, bem como da configuração do carrinho, pelo que os valores aqui apresentados devem ser utilizados apenas como indicações da capacidade provável. Exceto para aplicações muito especializadas, os carrinhos são feitos de madeira (ou bambu), aço ou uma combinação dos dois. A força e o peso do carrinho dependem dos materiais usados e da eficiência com que são utilizados na construção do carrinho.

3.2.1 Carrinhos de duas rodas

O tipo mais comum de carroça para animais tem duas rodas de cada lado de uma plataforma de carga, posicionada de modo a que o centro da área de carga esteja próximo do eixo das rodas. Estes carrinhos são normalmente puxados por um animal ou por um par de animais. Os carros de duas rodas são relativamente simples de fabricar, baratos de comprar e fáceis de manobrar e controlar. Uma caraterística crucial das carroças de duas rodas é que o(s) animal(ais) de tração actua(m) como terceiro ponto de apoio e suporta(m) parte do peso da carroça e da sua carga útil. Existem muitos tipos diferentes de carroças de duas rodas, mas é conveniente classificá-las em termos da roda e do pneu utilizados.

Carrinhos de duas rodas com rodas de pneus maciços

As rodas de pneus maciços eram o único tipo disponível antes da invenção do pneu, na segunda metade do século XIX, e este tipo de carro ainda é frequentemente o mais popular nos países onde existe uma longa tradição de construção de carros. As rodas de pneus maciços podem ser de madeira ou de aço. O pneu pode ser um pedaço de borracha ou uma tira de aço colocada sobre a jante, ou o "pneu" pode ser simplesmente a própria jante de madeira ou de aço. Uma caraterística inerente às rodas de pneus maciços é o facto de absorverem muito pouco as cargas de choque impostas ao carro durante a sua utilização. A estrutura e as rodas dos carrinhos deste tipo são, portanto, normalmente de construção relativamente pesada para suportar estas cargas de choque. Os pormenores de conceção e construção variam muito em função das necessidades e tradições locais. As Figuras 3.1 ilustram vários exemplos de carrinhos asiáticos feitos em grande parte de madeira e bambu, com rodas de madeira tradicionais de grande diâmetro e com raios

Fig 3.1 Carro de madeira com rodas de raios de madeira.

O peso morto destes carrinhos de madeira varia entre cerca de 250 e 40 kg, e a carga útil do tipo de transporte de carga puxado por um par de novilhos é normalmente de cerca de 1.000 kg. A madeira utilizada nas carroças asiáticas tradicionais está a tornar-se cada vez mais cara e alguns esforços de investigação têm sido dirigidos para reduzir o peso e o custo das rodas de grande diâmetro, mantendo as suas caraterísticas de desempenho. Uma abordagem promissora que está a ser experimentada na Índia e no Sri Lanka consiste em fabricar rodas de grande diâmetro em aço com raios tensionados (o mesmo princípio utilizado nas rodas de bicicleta). A figura 3.2 mostra uma carroça de madeira com rodas de raios de madeira de África. O pequeno diâmetro e o método de construção da roda são típicos das rodas de madeira feitas em África, onde há uma falta geral de competências tradicionais na construção de rodas.

Fig 3.2 Carroças de madeira com rodas de raios de madeira de África.

Como alternativa, a Figura 3.3 mostra a utilização de uma roda de raios de aço soldado num carrinho africano. As carroças do tipo ilustrado, com rodas pequenas e de pneus sólidos, são de construção bastante pesada, mas têm uma carga útil baixa.

Fig 3.3 Rodas com raios em aço soldado.

As rodas pequenas (650-800 mm de diâmetro) aumentam significativamente a resistência ao rolamento e o efeito do terreno acidentado, em comparação com o tipo asiático de grande diâmetro (1.1OO-1.500 mm). Carros de duas rodas Os pneus pneumáticos são utilizados em carros de tração animal desde os anos 30 na Índia, quando a empresa Dunlop introduziu o seu conjunto roda/eixo "veículo de tração animal" (ADV). Estes carrinhos ADV são mais caros do que os carrinhos tradicionais, mas são capazes de transportar cargas maiores. Um dos principais objectivos da sua introdução era reduzir a quantidade de danos causados nas estradas por gatos com rodas estreitas e de pneus sólidos. Em 1979, a Dunlop calculou que existiam cerca de 600 000 carrinhos com pneus na Índia: um número impressionante, mas apenas uma pequena proporção do total de cerca de 15 milhões de carrinhos existentes no país. A principal limitação do número de vendas foi sempre o custo relativamente elevado da montagem do ADV em comparação com as tradicionais rodas de madeira com raios feitas pelo carpinteiro da aldeia. Parecem ser mais utilizados em situações em que se pode tirar o máximo proveito da sua maior capacidade de carga, e o custo inicial relativamente elevado pode ser justificado - por exemplo, operação comercial em centros urbanos, transporte a granel de culturas como a cana-de-açúcar, e em áreas agrícolas prósperas. Estas são também as circunstâncias em que um operador pode mais facilmente obter um empréstimo para comprar um carrinho ADV.

A Índia é o único país que produziu pneus concebidos especificamente para carroças de tração animal. Contudo, as carroças de duas rodas que utilizam pneus de veículos motorizados são largamente utilizadas noutros locais da Ásia e de África. As figuras 3.4 e 3.5 mostram dois tipos diferentes

Fig 3.4 Carro de quatro rodas com pneu.

Fig 3.5 Carro de duas rodas com pneu.

Para obter os benefícios dos pneus a um custo inferior ao da utilização de um conjunto ADV, muitos carrinhos tradicionais foram convertidos, e novos carrinhos foram construídos, utilizando conjuntos de eixos completos provenientes de sucata de veículos a motor. Esta abordagem é certamente eficaz, embora esses conjuntos de eixos sejam desnecessariamente pesados nesta aplicação. No entanto, a sua aplicação generalizada é limitada pela disponibilidade de eixos adequados, embora os eixos possam estar disponíveis de forma fácil e económica em pequenas quantidades.

Há agora indicações de que, em algumas partes da Índia, a vantagem de custo da roda tradicional de raios de madeira está a diminuir à medida que a madeira de boa qualidade se torna mais escassa e o seu preço aumenta. Se a procura aumentar, é provável que as rodas de madeira, em quantidades de 10, se tornem escassas e caras.

14

Uma vez que é provável que os eixos provenham de uma variedade de fontes, equipados com diferentes tamanhos de rodas, também pode haver dificuldade em obter pneus e câmaras de ar adequados, tanto para os carrinhos originais como para as peças de substituição. Em vários países, as organizações fabricam atualmente conjuntos de rodas/eixos, equipados com rodas e pneus normais de veículos automóveis (novos ou em segunda mão), especificamente para carrinhos de animais. Estes podem ser vendidos como carrinhos completos, ou podem ser fornecidos separadamente para que outras empresas possam acrescentar uma carroçaria e um sistema de engate. Trata-se de um carro barato, leve e com pouca carga útil, mas que também pode ser utilizado como carro de mão. Os pesos e as cargas úteis dos carrinhos de pneus convencionais variam consideravelmente. Em geral, os carrinhos com pneus são considerados mais eficientes do que os carrinhos com rodas de pneus maciços, com menor resistência ao rolamento na maioria dos tipos de terreno. Se todos os outros factores se mantiverem iguais, é de esperar que os carrinhos com pneus tenham uma carga útil superior à dos carrinhos com pneus maciços. No entanto, devido ao grande número de variáveis associadas aos veículos, aos animais de tração e ao terreno, e porque apenas foi realizado um número limitado de trabalhos experimentais e teóricos, não é possível fornecer dados exactos sobre o esforço de tração para os diferentes tipos de veículos numa série de condições de percurso. O anexo aborda em pormenor os aspectos teóricos do esforço de tração, e alguns valores extraídos desse documento são citados no quadro 3.1. Estes valores fornecem algumas indicações, mas não estão bem correlacionados. Dado que as propriedades de absorção de choques dos pneumáticos reduzem as cargas impostas a um carrinho, pode ser adoptada uma forma de construção mais leve do que quando se utilizam rodas de pneus maciços. A absorção de choques pelo pneumático melhora igualmente o conforto de deslocação dos passageiros e é benéfica para os animais de tração. As principais vantagens do tipo de pneus maciços são a facilidade de fabrico, o baixo custo inicial e a simplicidade e facilidade de manutenção. Note-se que o esforço de tração dos veículos com pneus pneumáticos depende significativamente da pressão de enchimento dos pneus. Um valor frequentemente citado para veículos com pneus de loy50 velocidades em boas superfícies de betume é (5 + 150/p kgf/tonelada, em que p é a pressão de enchimento do pneu em p.s. P. (16f/pol²), pelo que, em superfícies firmes, é desejável manter os pneus cheios de acordo com as recomendações do fabricante. Há poucos dados disponíveis sobre a influência da rugosidade da estrada no esforço de tração, mas parece aconselhável aumentar a expressão acima por um fator de 2, ou seja, (10 + 300/p) kgf/tonelada para carrinhos com pneus em estradas de betume irregular.

3.2.2 Carrinhos de quatro rodas

As carroças agrícolas de quatro rodas e os autocarros de passageiros eram muito comuns na Europa e na América do Norte antes do aparecimento do veículo a motor. As suas principais vantagens em relação às carroças de duas rodas, tanto nessa altura como atualmente, são a estabilidade inerente e a grande capacidade de carga. A construção de uma carroça de quatro rodas é relativamente complexa, uma vez que é necessário um mecanismo de direção e a construção tem de ser muito forte, ou tem de ser incorporada alguma forma de suspensão para suportar as forças de torção impostas ao veículo quando este atravessa terrenos acidentados. Estes requisitos, combinados com a necessidade de quatro rodas, aumentam consideravelmente o custo e o peso da construção. As carroças de quatro rodas são certamente mais pesadas, mais complexas, mais caras e mais difíceis de manobrar do que as de duas rodas. Embora seja possível que um animal transporte uma pequena carroça de quatro rodas, estes veículos são geralmente puxados por equipas de duas ou mais pessoas.

TABLE 3.1: TRACTIVE EFFORT FOR TWO-WHEELE CARTS

Type of Cart	Route	Specific Tractive Effort (kgf/tonne)
Steel-tyred wood wheels (150cm dia)	Dry earth road	84
	Grassy terrain	132
Pneumatic-tyred wheels (70cm dia)	Dry earth road	75
	Grassy terrain deep dry	180
Steel-tyred wooden (122cm dia) wheels	15cm sand (rutted)	173
	15cm deep dry	100
Pneumatic-tyred wheels (80cm dia)	15cm deep dry soil (rutted)	28
	15cm deep wet soil (rutted)	142
Concrete 22 7		
Steel-tyred wheels	Ploughed land	136
	Earth road	21
Pneumatic-tyred wheels	Ploughed land	42
	Earth road	17
Wooden wheels	Paved road	15

Historicamente, as carroças de quatro rodas eram feitas quase exclusivamente de madeira, e era necessária muita experiência e perícia para criar um veículo satisfatório. Numerosas publicações históricas descrevem a construção e a utilização de carruagens e vagões europeus (I., 2, 10), mas a sua complexidade é tal que é improvável que sejam reproduzidos sob esta forma atualmente. No entanto, as carroças de quatro rodas são utilizadas atualmente na Ásia e em África, embora sejam muito menos comuns do que as de duas rodas. Os materiais modernos tornam a construção de carrinhos de quatro rodas muito mais simples. Quase todos os carros modernos têm pneus pneumáticos e utilizam aço para as partes da estrutura que suportam a carga. Há pouca informação disponível sobre os requisitos de esforço de tração, mas parece que os carros de quatro rodas são mais úteis em superfícies lisas, duras e relativamente planas.

Fig 3.6 pequeno carrinho de quatro rodas

Na China, as cargas de 3 000-4 000 kg são transportadas em carrinhos de quatro rodas, existindo também carrinhos de seis rodas (quatro rodas no eixo traseiro) que transportam até 8 000 kg (5). A figura 3.6 mostra um pequeno carrinho de quatro rodas. Uma variação do carrinho normal de quatro rodas é o carrinho de comprimento ajustável. Este é construído em duas partes separadas, com um eixo direcional e um dispositivo de engate numa parte e um eixo não direcional na outra. As duas partes são fixadas em extremidades opostas de uma carga longa e rígida, como madeira ou comprimentos de aço. Uma vantagem das carroças de quatro rodas é o facto de serem autoportantes e não imporem cargas verticais aos animais de tração. Assim, todo o esforço do animal pode ser dedicado à tração da carroça. Também foram feitas experiências na Índia com uma carroça de três rodas. Este modelo baseia-se num modelo de duas rodas, mas com uma terceira roda pivotante na parte da frente. O objetivo desta conceção é obter as vantagens de um carrinho de quatro rodas, mas sem os custos e a complexidade adicionais. No entanto, o trabalho não foi levado para além da fase experimental.

3.3 Encerramento

Este capítulo ajuda-nos a compreender os vários tipos de carrinhos com base no número de rodas. Também são estudadas as várias capacidades de carga dos carros. São também estudados os esforços de tração dos carros com base nas várias dimensões das rodas.

CAPÍTULO 4. CONCEPÇÃO E MODELAÇÃO DO SISTEMA

4.1 Introdução

A conceção dos diferentes mecanismos é indispensável para a sua implementação no carrinho. Estes desenhos são efectuados com a ajuda de programas informáticos de desenho como o Catia, o Autocad, etc. Antes de implementar o mecanismo de travagem no carrinho, é necessário conhecer o material e a dimensão do sistema. A seleção adequada do material é feita de duas formas. Em primeiro lugar, podemos implementar diretamente o sistema e depois analisar os resultados. Ou podemos analisar o material e os seus requisitos de resistência utilizando software. Para a conceção do sistema de travagem, utilizaremos o software Catia. Com este software, concebemos o sistema de travagem e analisamo-lo em determinadas circunstâncias. Em seguida, podemos enviar o projeto para o fabrico em fundição.

4.2 Estudo do carrinho atual

No capítulo anterior, estudámos os pormenores do carrinho no que diz respeito à sua capacidade de carga, esforço de tração, etc. Agora, vamos estudar as dimensões reais do carrinho medidas durante o trabalho de campo.

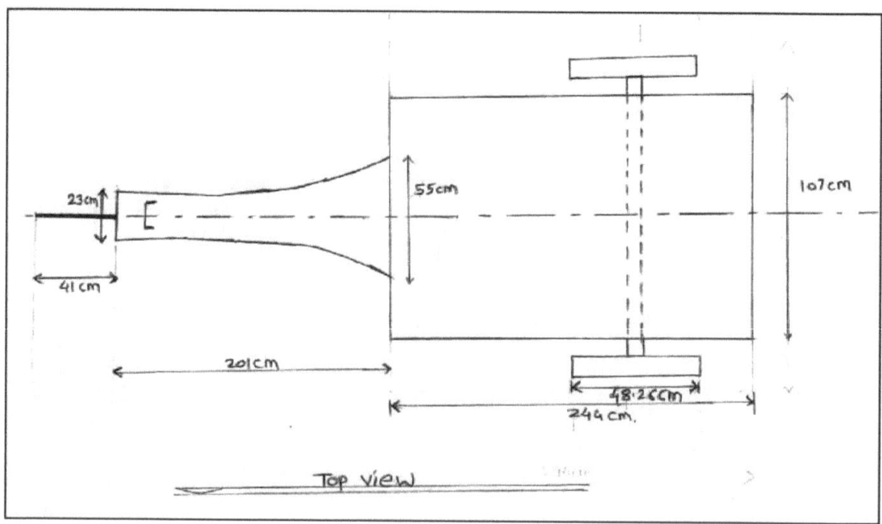

Fig 4.1 Medição do carrinho (T. V)

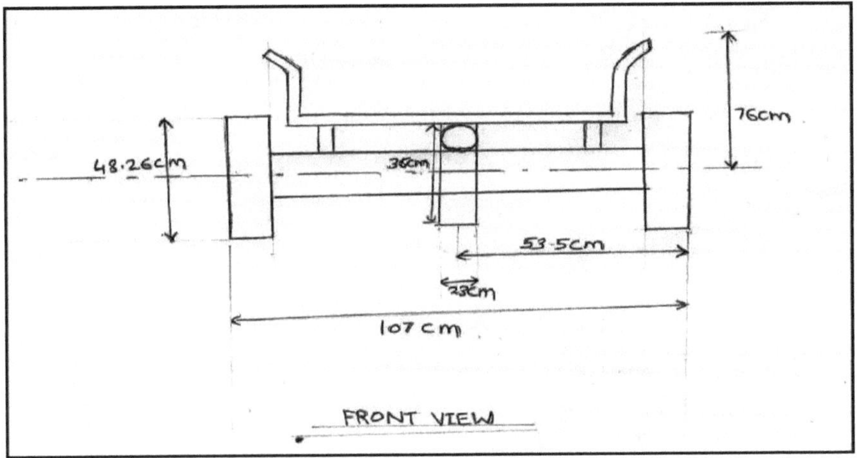

Fig 4.2 Medição do carrinho (F. V)

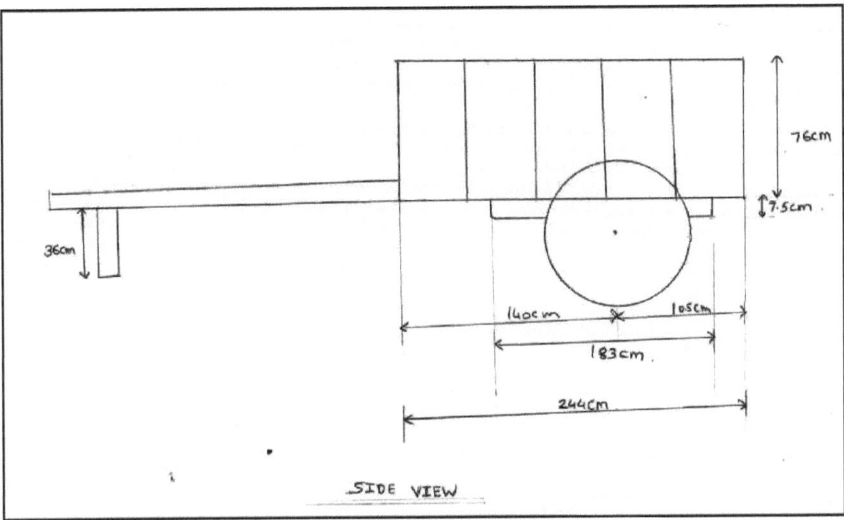

Fig 4.3 Medição do carrinho (S. V)

4.3 Recolha de dados para a conceção do sistema

Antes de conceber o sistema de travagem, temos de conhecer as velocidades mínima, máxima e média do carrinho. Por isso, calculámos a velocidade do carrinho. Para esta medição, seguimos o seguinte procedimento:

- Fizemos 15 pontos de controlo na estrada de nível.

- A distância entre dois pontos de controlo consecutivos foi mantida em 300 metros.

- Agora, o tempo necessário para um carrinho atravessar esses pontos de controlo foi anotado.

- Com a ajuda de vários carrinhos diferentes, foram efectuadas várias leituras.

- Para calcular a velocidade média de todos os carrinhos, foi efectuada a média das leituras acima referidas.

CARTÃO N.	VELOCIDADE MÉDIA DO CARRO (kmph)
1	5.56
2	4.186
3	4.268
4	4.86
5	5.22
6	5.56
7	4.621
8	4.89
9	5.02
10	5.302

Tabela n.º 4.1 Cálculo da velocidade dos carrinhos

4.4 Conceção do sistema de travagem

4.4.1 Cálculos dos travões:

Material das maxilas de travão - Amianto, Armide

Dados necessários -

Dia do tambor = pneu de 9 polegadas (8.00-19)

R=8 polegadas

Largura da face do sapato = 15 polegadas

Força= 2220 N

μ=0,28(Pressuposto)

Carga máxima = 3 toneladas

Existem dois calços que interagem com o tambor do travão. Cada uma gera fricção e aplica binário ao tambor, mas uma sapata será auto-energizada e a outra não. Isto é verdade independentemente da direção de rotação do tambor, devido à simetria da geometria. O binário total no tambor será o mesmo, independentemente do sentido de rotação do tambor, pelo que podemos escolher uma rotação do tambor no sentido dos ponteiros do relógio. Para uma rotação do tambor no sentido dos ponteiros do relógio, o sapato direito é auto-energizado, porque para o sapato direito a força de atrito que actua no sapato provoca um momento no sentido dos ponteiros do relógio sobre o seu pino de articulação, que está na mesma direção que a força aplicada, F. Desta forma, o atrito ajuda a aplicar o travão; o outro sapato não será, portanto, auto-energizado.

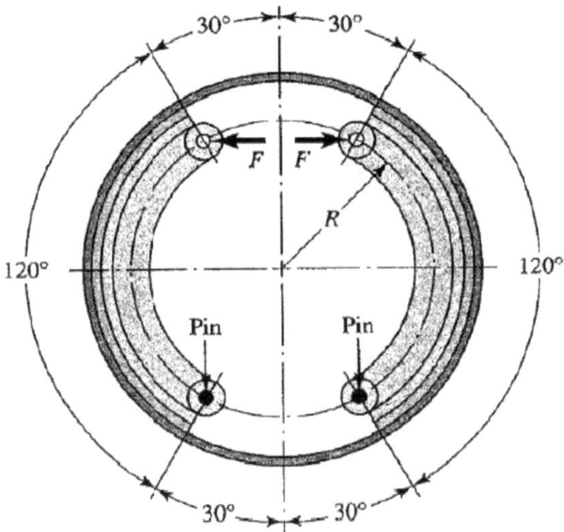

Fig 4.4 Diagrama da sapata de travão

(a) O momento da força de atrito sobre o pino da dobradiça pode ser escrito como

$$M_f = \frac{fpbr}{\sin\theta_a} \int_{\theta_1}^{\theta_2} \sin\theta (r - a\cos\theta)\delta\theta \qquad \ldots(1)$$

O momento da força de atrito sobre o pino da dobradiça, efectuando a integração acima, pode ser escrito como

$$M_f = \frac{fPabr}{\sin\theta} \left[-r(\cos\theta_2) - (\cos\theta_1) - \frac{\theta_{1(\sin 2\theta_2 - \sin 2\theta_1)}}{2} \right] \qquad \ldots(2)$$

Os ângulos são $\theta_1 = 0°$ e $\theta_2 = 120°$

O ângulo em que ocorre a pressão máxima sobre o sapato é

$$\varphi_a = 90°$$

A distância a é

$$a = R = 5 \text{ in.}$$

A distância c é

$$c = 2R\cos 30°$$

Por conseguinte, a distância c é

$$c = 2 \times 8 \times \cos 30°$$

$$= 354,81 \text{ mm}.$$

Por conseguinte, o momento da força de atrito sobre o pino da dobradiça é

$$M_f = \frac{0.28 \times p_a \times 1.5 \times 6}{\sin 90^0} \times \left[-6 \times (\cos 120^0 - \cos 0^0) - \frac{5}{2}(\sin 2\ 120^0 - \sin 2\ 0^0)\right] \qquad \dots \qquad (3)$$

$M_f = 459{,}776 \text{ mm}$

O momento da força normal sobre o pino da dobradiça é

$$M_N = \frac{P_a \text{bra}}{\sin \theta_a}\left[\frac{1}{2}(\theta_2 - \theta_1) - \frac{1}{4}(\sin 2\theta_2 - \sin 2\theta_1)\right]$$

$$M_N = \frac{P_a 1.5 \times 5 \times 6}{\sin 90} \times \left[\frac{1}{2}\left(\frac{120 \times \pi}{180} - \frac{0 \times \pi}{180}\right) - \frac{1}{4}(\sin 240 - \sin 0)\right]$$

$$M_N = 145587.2 \text{ mm}$$

Para o sapato auto-energizante (à direita),

A força de acionamento é especificada como sendo $F = 226{,}24$ kg.

Por conseguinte, a força de acionamento é

$$F = \frac{M_N - M_F}{C}$$

A pressão máxima na sapata auto-energizante (direita) é (Pa) direita= 178,12 psi

Esta é uma pressão razoável para as sapatas de metal sinterizado, para as quais a pressão máxima é limitada a 300 a 400 psi. Em funcionamento a seco, prevê-se que o seu coeficiente de atrito seja de 0,29 a 0,33.

(b) O binário de travagem fornecido pelo sapato direito,

O binário de travagem fornecido pelo sapato direito é

$$(T)\ \text{right} = \frac{F(Pa)\text{right}\,br^2(\cos\theta_1 - \cos\theta_2)}{\sin\theta_a} \qquad \dots(5)$$

$$(T)\ \text{right} = \frac{0.28\times178.12\times1.5\times6^2(\cos 0 - \cos 120)}{\sin 90}$$

$$(T)\ \text{right} = 4642.98\ \text{mm-kg}$$

O sapato esquerdo não é auto-energizado.

Portanto, para o sapato esquerdo,

A força de acionamento, é

$$F = \frac{M_N - M_F}{C}$$

A força de acionamento no sapato esquerdo é a mesma que no sapato direito (226,26 kg),

Por conseguinte,

A pressão máxima no sapato esquerdo é

$$P_\text{left} = \frac{500}{13.86}$$

$$P_\text{left} = 36.07\ \text{psi}$$

Observe que o pico de pressão na sapata esquerda (36,07 psi), a não auto-energizante, é muito menor do que a pressão na sapata auto-energizante direita (que foi de 178,12 psi). Isso é um resultado direto dos efeitos do momento de atrito que empurra a sapata direita para o tambor e empurra a sapata esquerda para longe do tambor.

O binário de travagem fornecido pelo sapato esquerdo é

$$(T)\ \text{left} = \frac{0.28\times36.07\times1.5\times6^2(\cos 0 - \cos 120)}{\sin 90} \qquad \dots(6)$$

$$(T)\ \text{left} = 940.21\ \text{mm-kg}$$

O binário de travagem fornecido pelo sapato esquerdo é de 36,07 psi

Por conseguinte,

O binário de travagem total é,

$$T\text{total} = 4642.98 + 940.21$$

$$= 5583,20 \text{ mm-kg}$$

Por conseguinte, o binário total de travagem é de 5583,20 mm-kg

Observe que a sapata direita auto-energizada gera quase o dobro do torque da sapata esquerda, embora tenham a mesma geometria, o mesmo material de fricção e sejam acionadas com a mesma força. A diferença é que a sapata direita tem o momento de atrito empurrando a sapata para o tambor, enquanto a sapata esquerda o momento de atrito empurra a sapata para longe do tambor e reduz sua pressão de revestimento **(c)**. Para determinar as forças de reação do pino, consulte o diagrama de corpo livre. A figura a seguir também é útil, embora não seja um diagrama de corpo livre completo porque não mostra as forças do tambor na sapata. No entanto, mostra as duas sapatas separadamente e mostra os componentes da força aplicada F. Para a sapata primária mostrada abaixo (a sapata direita em nosso problema), as forças de reação no pino podem ser escritas como

A partir da figura acima, os componentes da força de acionamento para o sapato direito são

$$(R_X)_{right} = \frac{(P_a)_{right}}{\sin\theta_a}(A - F_B) - (F_X)_{right} \qquad \ldots (7)$$

Os integrais A e B, para a geometria dada, são

$$A = \left[\frac{1}{2}(\sin 2\,120 - \sin 2\,0)\right]$$
$$= 0.375$$

$$B = \frac{1}{2}\left(\frac{120 \times \pi}{180} - \frac{0 \times \pi}{180}\right) - \frac{1}{4}(\sin 240 - \sin 0)$$
$$= 1.264$$

Por conseguinte, as forças de reação sobre a cavilha do sapato direito são

$$(R_{xright}) = \frac{111.4 \times 1.5 \times 6}{\sin 90} \times [0.375 - (0..28 \times 1.264)] - 250 \qquad \ldots (8)$$
$$= -103.61 \text{ kg}$$

$$(R_{yright}) = \frac{111.4 \times 1.5 \times 6}{\sin 90} \times [1.264 + (0..28 \times 0.375)] - 433 \qquad \ldots (9)$$
$$= 425.33 \text{ kg}$$

Por conseguinte,

As forças de reação do sapato são

$$R_{right} = \sqrt{R_X2 + R_Y2}$$
$$= \sqrt{-229^2 + 940^2}$$
$$=30.31 \text{ kg}$$

A magnitude da força de reação líquida do sapato esquerdo é

$$R_{left} = \sqrt{130^2 + 171^2}$$
$$=97.28 \text{ kg}$$

4.5 Encerramento

As seguintes partes do sistema de travagem são concebidas de acordo com as condições exigidas:

1. Tambor de travão

2. Sapata de travão

3. Molas

CAPÍTULO 5. IMPLEMENTAÇÃO DO SISTEMA

5.1 Introdução

Esta é a parte mais importante de qualquer trabalho. A implementação do sistema no carro de bois consiste nos critérios de seleção do sistema de travagem, no seu procedimento de implementação, etc. O capítulo anterior fornece a base para a preparação de uma especificação adequada do carro para uma determinada aplicação. Esta especificação fornece o quadro no qual o projetista deve trabalhar para preparar um projeto detalhado dos travões e deve assegurar que o produto final será capaz de desempenhar a função requerida. Trabalhando no âmbito da especificação, o projetista deve definir em pormenor o desenho do carrinho, tendo em conta os requisitos funcionais e estéticos, o custo de fabrico previsto e a forma como será fabricado. Os pormenores técnicos da conceção do carrinho são discutidos nas secções seguintes deste capítulo, mas é útil considerar primeiro algumas questões gerais de conceção.

5.2 Tipos de travões

Há três tipos de travões adequados para utilização em carrinhos de tração animal: travões de aro, travões de tambor e travões de cinta, como mostra a figura 4.1. Qualquer que seja o tipo utilizado, a resistência do eixo deve permitir as cargas adicionais que lhe são impostas quando o travão é utilizado. Normalmente, quando o carro está carregado com cana-de-açúcar (1,5-4 toneladas), são utilizados travões de tambor. Os travões de tambor cumprem todos os requisitos básicos dos critérios de resistência e rigidez. Além disso, o custo dos travões de tambor é comparativamente baixo.

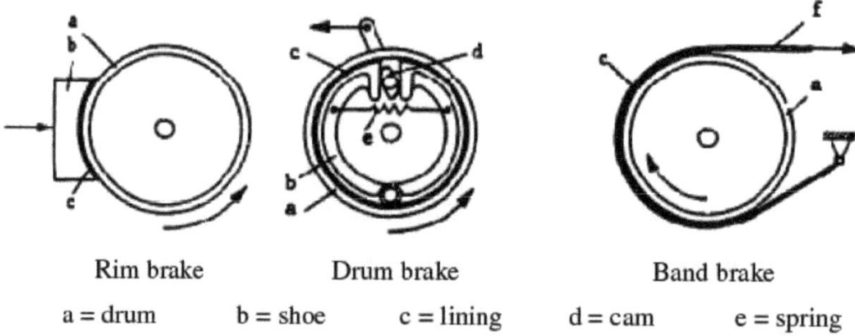

Fig. 5.1: Três tipos de travões

Porquê o Tata 407

A camioneta da Tata Motors, ou seja, a Tata 407, tem o mesmo tamanho de eixo que os carrinhos utilizados para o transporte de cana-de-açúcar. A Tata 407 utiliza um mecanismo de travão de tambor convencional. Ambos têm também a mesma dimensão de roda. As cargas transportadas por ambos variam ligeiramente ou são quase iguais. Assim, com base na configuração dos travões utilizada no Tata 407, concebemos o nosso próprio sistema de travagem.

A forma mais simples de travão actua na superfície exterior do pneu e pode consistir simplesmente numa barra móvel de aço ou madeira que atravessa a parte inferior da carroça. No entanto, para melhorar a fricção e reduzir o desgaste, é preferível utilizar calços de travão com um revestimento de fricção. A madeira, o couro ou a borracha são adequados, ou podem ser utilizados revestimentos do tipo dos utilizados nos veículos automóveis. Uma disposição típica é mostrada na figura. Os calços são puxados para o contacto com as rodas por um dispositivo de engate ligado à barra e acionado por uma alavanca perto do condutor. O dispositivo de engate deve incluir um mecanismo de compensação para que a mesma força de travagem seja aplicada a ambas as rodas. Uma catraca na alavanca de comando permite bloquear os travões para estacionar. Se forem utilizadas rodas de aro bipartido com uma jante larga, pode ser utilizada uma disposição semelhante para aplicar os calços de travão no interior da jante, o que proporcionará uma melhor proteção contra a sujidade e o Wi3L2i'. Um outro sistema muito simples, utilizado em algumas carroças tradicionais indianas, utiliza simplesmente uma corda para acionar a barra de travão.

Eixo

O termo eixo é aqui utilizado para descrever o meio pelo qual as rodas são fixadas à estrutura principal da carroça. [th]Na Europa, as carroças tinham eixos feitos inteiramente de madeira até ao início do século XX, mas quando o ferro e o aço adequados se tornaram disponíveis, foram rapidamente adoptados para este fim devido à sua maior força e resistência ao desgaste. Inicialmente, apenas as extremidades dos eixos, onde as rodas eram fixadas, eram feitas de aço, mas em meados do século XIXth estavam a ser instalados eixos totalmente em aço. Todos os carrinhos de madeira que Vagh efectuou na Índia, na década de 1930, tinham eixos de aço. Embora ainda seja possível encontrar exemplos de eixos de madeira, a utilização do aço é atualmente uma prática corrente em todo o mundo.

O eixo morto é muito mais comum e é mais forte, mas o eixo vivo é mais fácil de fabricar e de montar. A forma mais comum de eixo morto percorre toda a largura da carroça com uma roda fixada em cada extremidade e actua como um elemento estrutural. Se for utilizado um eixo vivo, pode ser melhor utilizar travões de banda, que consistem num tambor fixado a cada um dos meios eixos. Uma banda de aço com um revestimento de fricção é puxada contra o exterior do tambor para fornecer a força de travagem. O mecanismo de funcionamento também requer um equalizador, mas, de resto, é relativamente simples porque os tambores de travão podem ser montados perto uns dos outros, junto ao centro da carroça.

A dimensão adequada do eixo é decidida tendo em conta a dimensão do pneu e a carga máxima que pode ser transportada pelo eixo.

Tamanho do pneu	Carga bruta máxima sobre o eixo (kg)	Diâmetro máximo permitido do veio do eixo (mm)
4.00-19	740	32
5.00-19	915	40
6.00-19	1620	50

| 7.00-19 | 2540 | 50 |
| 8.00-19 | 3050 | 56 |

Tabela n.º 5.1 Tamanhos diferentes de pneus

5.3 Procedimentos de aplicação

Implementação do travão

Uma vez fabricadas todas as peças do sistema de travagem, procedemos à sua montagem e implementação no eixo do carrinho. A implementação do sistema de travagem foi feita em várias etapas importantes. Estas etapas são as seguintes

i. As rodas do carrinho foram retiradas.

ii. O cubo original foi retirado para implementar o novo cubo do sistema.

iii. A cobertura do cubo foi montada no eixo após uma pequena maquinação (aumento do diâmetro).

iv. O rolamento do cubo foi colocado no eixo.

v. Foi feita uma pequena maquinação no cubo do travão para que este se encaixe facilmente no eixo.

vi. As maxilas de travão foram ligeiramente esmeriladas para evitar o seu contacto direto com a superfície interna do tambor.

vii. As maxilas de travão entram em contacto umas com as outras com a ajuda de molas.

viii. O tambor do travão, juntamente com o calço do travão, é montado no eixo.

ix. A sua fixação ao eixo é efectuada com a ajuda de uma porca de retenção.

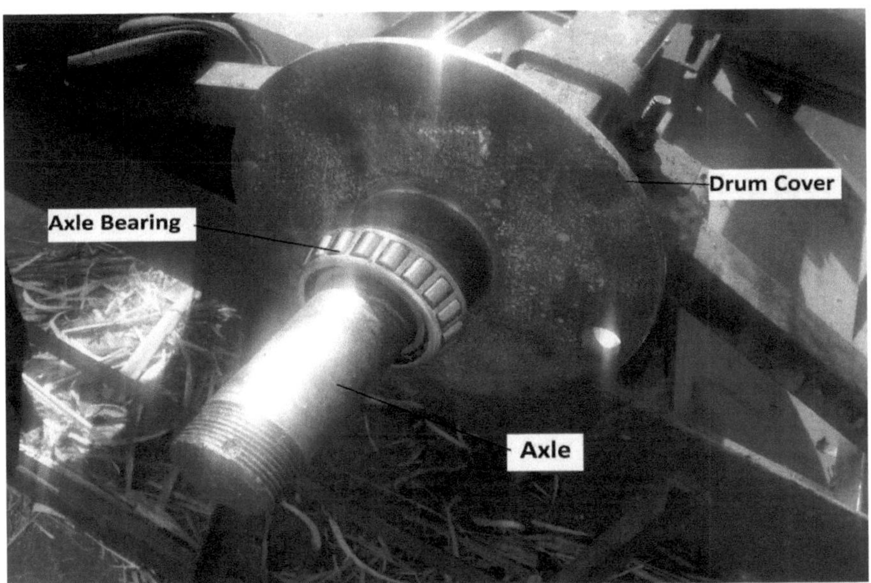

Fig 5.2 Montagem da chumaceira

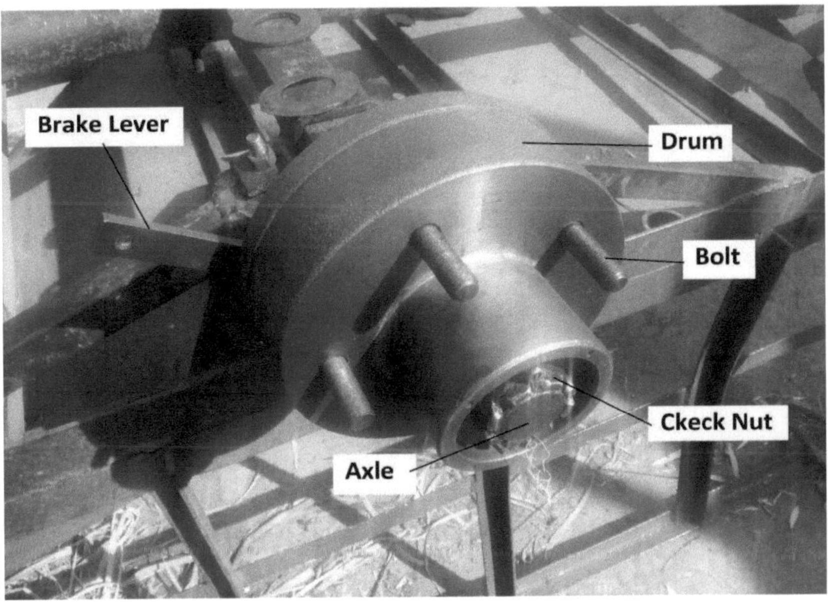

Fig 5.3 Montagem do cubo

Implementação do Linkage

A articulação utilizada para ativar os travões é constituída por barras, fio de embraiagem, manípulo, etc.

Algumas das peças foram maquinadas, enquanto outras são feitas em movimento relativo com outras. Para o efeito, são previstas diferentes ligações. O procedimento para a implementação da ligação é o seguinte:

i. Uma barra de aço polido com 18 mm de diâmetro e 42 polegadas de comprimento foi soldada na parte da frente do chassis do carrinho.

ii. Uma alavanca ajustável vai para o grampo C montado na haste polida.

iii. O fio do travão foi colocado de cabeça para baixo à volta desta barra polida. Este fio foi equipado com um chip de travagem para aplicar a travagem.

iv. Este fio é depois ligado a uma pega que pára o carrinho quando se aplica um esforço.

Front view   Side view

Fig. 5.4 Vista do engate

Fig 5.5 Implementação do sistema

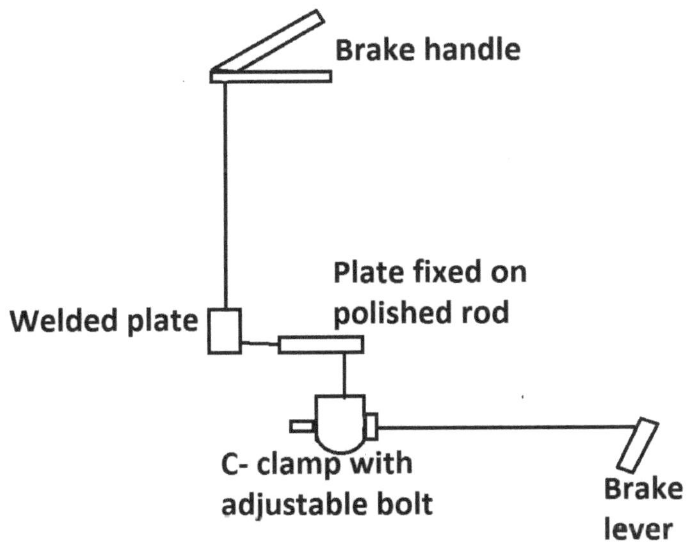

Fig 5.6 Mecanismo de ligação proposto

Peças pormenorizadas do mecanismo de ligação

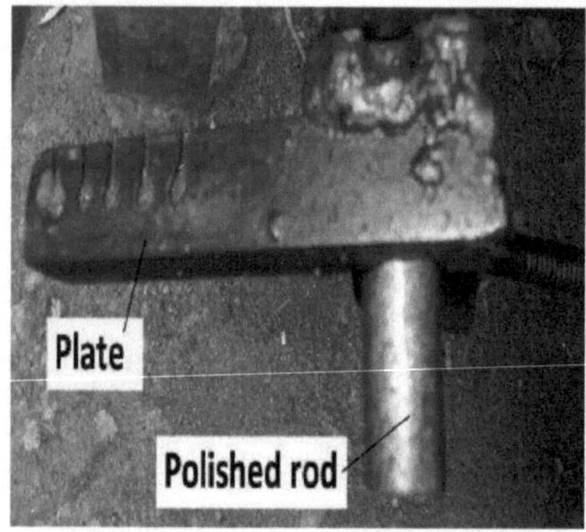

Fig 5.7 Plate fixed on polished rod

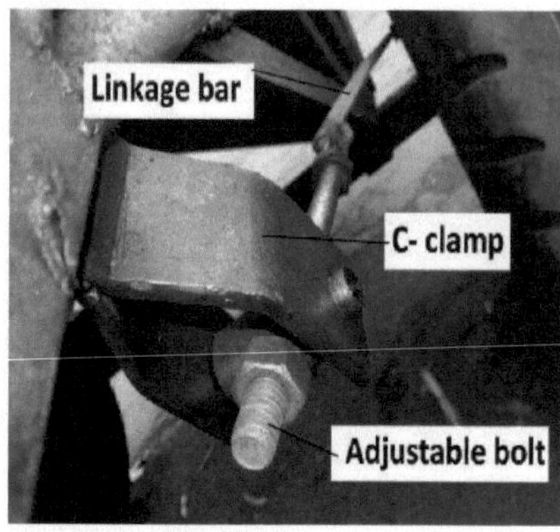

Fig 5.8 C- clamp with adjustable bolt

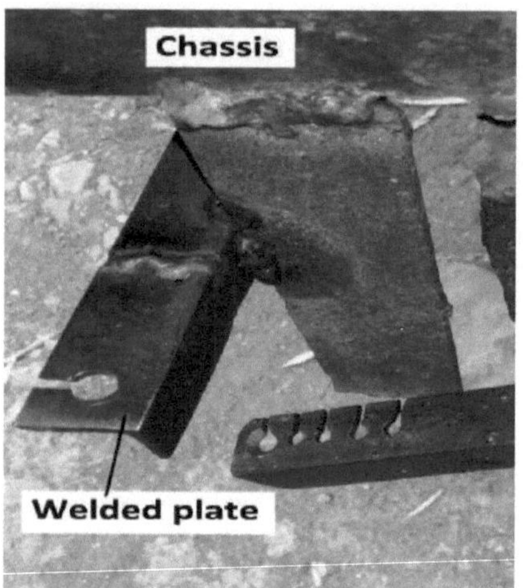

Fig 5.9 Welded plate

Fig 5.10 Brake handle

Fig 5.10 Partes pormenorizadas da ligação

5.4 Mecanismo de funcionamento

A alavanca está montada na pega que se encontra nas mãos do condutor. Assim, quando o condutor quiser acionar o travão (ou seja, parar o carro), basta puxar a alavanca do manípulo. Isto funciona da seguinte forma:

- O condutor puxa a alavanca do manípulo.

- O fio do travão fica esticado.

- Seguindo o fio do travão através da barra polida, o chip de travagem é puxado.

- Este chip, que faz parte dos travões de tambor, funciona para acionar os travões.

- As maxilas de travagem são expandidas dentro do cubo.

- Os sapatos entram em contacto com a superfície interior do tambor.

- O tambor fica gradualmente em repouso. Pára a sua rotação.

- Os tambores são fixados às rodas com a ajuda de porcas e parafusos. Assim, quando o tambor pára a sua rotação, a roda pára também.

- Desta forma, a operação de travagem funciona.

5.5 Limitações do mecanismo de engrenagem

A caixa de velocidades era outra opção melhor para minimizar os esforços dos touros. A caixa de velocidades deveria ser montada no diferencial, que se situa no eixo. A caixa de velocidades tem vários pontos positivos, tais como

Vantagens

- Restringe o movimento inverso do carro na subida, ajudando assim os touros a controlar o seu equilíbrio.

- Restringe o movimento rápido do carro para a frente. Assim, o problema do deslizamento das pernas dos touros é ultrapassado.

- Reduzirá os esforços de tração dos touros, proporcionando um movimento suave ao carrinho.

Embora apresente várias vantagens, tem também alguns inconvenientes importantes:

Desvantagens

- Espaço livre reduzido: É o maior problema no que respeita à implementação da caixa de velocidades. O tamanho e a localização da caixa de velocidades reduzem a distância ao solo do carrinho. Assim, quando o carro é puxado de terras agrícolas indianas (que por vezes são as piores), entra em contacto com o solo. Assim, o sistema pode avariar-se. Além disso, quando se trabalha em terrenos lamacentos, o sistema pode deixar de funcionar.

- O custo de implementação é elevado.

- A conceção torna-se complexa.

- O sistema não será fácil de manusear pelo condutor.

Estas são as várias razões pelas quais o mecanismo de engrenagem não se torna viável para ser implementado no carro de bois.

5.6 Encerramento

Este capítulo ajudará a compreender o procedimento de aplicação e o mecanismo de funcionamento do sistema de travagem.

Os travões que foram fabricados anteriormente são agora implementados no carrinho. Para este efeito, são selecionados um travão e um eixo adequados. Em seguida, são montadas diferentes peças no eixo do carro para obter um sistema de travagem eficiente. Para esta implementação ocorreram alguns problemas que foram eliminados por vários processos de maquinação. Uma vez montado o sistema de travagem no carro, entra em ação a sua articulação. O mecanismo de funcionamento ajuda a parar o carro.

CAPÍTULO 6. ENSAIOS E RESULTADOS

6.1 Introdução

Este capítulo ajudará a obter os resultados dos ensaios do mecanismo de travagem. No capítulo anterior, vimos como funciona o sistema. O processo de implementação também foi estudado anteriormente. Este capítulo irá indicar-nos a eficácia do funcionamento do sistema. Serão obtidos vários resultados através da realização de diferentes testes.

6.2 Condições de ensaio

O carrinho experimental equipado com rodas pneumáticas foi testado em três tipos de terrenos situados em redor do edifício da fábrica de açúcar Rajarambapu, em Sakhrale.

Os três tipos de terrenos são:

- Estrada de alcatrão: duas faixas, a seguir designadas por estrada de alcatrão 1 e estrada de alcatrão 2;

- Estrada de lama seca: um troço de estrada com uma fina camada de lama sobre geleia de pedra compactada e areia;

- Terreno relvado não preparado (relva verde).

6.2.1 Especificações do carrinho experimental e pormenores

1. Geral

- Tamanho da plataforma: 218 cm x 82,5 cm (86 pol. x 32,5 pol.)

- Altura da plataforma a partir do solo: 106 r (41,8 pol.)

- Distância entre o centro da roda e o pescoço dos novilhos, e=283 cm (111,5 in.)

- Altura do pescoço dos novilhos em relação ao solo h=100 cm (40 in.)

- Distância central entre os novilhos (pescoços): 107 cm (42 in.)

2. Rodas pneumáticas

- Especificação: 8.00-19, classificação de 10 camadas

- Tipo: Nylon Dunlop Mahan LR5

- Diâmetro exterior das rodas insufladas: 46,23 crn

- Largura do piso: 11 cm (4,3 pol.); piso parcialmente gasto

- Peso das rodas pneumáticas com conjunto de eixo e travão: 60 kg

- Distância entre eixos das rodas: 128 cm (50,5 pol.)

6.3 Procedimento de ensaio

- O carrinho experimental equipado com rodas pneumáticas funcionou com uma pressão de 20 psi e 30 psi em cada terreno escolhido, tanto no sentido da marcha como no sentido inverso.

- Foram colocados pesos de madeira no carrinho em posições adequadas para fornecer a carga necessária no carrinho.

- A carga estática no pescoço dos dois novilhos com o condutor do carro em posição era da ordem de 40 a 56 kgf.

- No início de cada ensaio, a plataforma do carro experimental (sem os novilhos) foi tornada horizontal, apoiando o elemento longitudinal num ponto entre a célula de carga e a plataforma, de modo a que não houvesse praticamente nenhuma carga sobre a célula de carga.

- O carrinho foi então deslocado para o ponto de partida marcado em cada terreno.

- O gravador foi ligado imediatamente antes de o condutor do carrinho o conduzir ao longo do comprimento de ensaio do terreno.

- O gravador foi desligado no final do ensaio.

- A velocidade média do carrinho foi determinada com um cronómetro, registando o tempo que o carrinho demorou a percorrer o comprimento de ensaio.

- Em seguida, a carroça era virada para ser utilizada no mesmo troço, no sentido inverso.

- A velocidade média do carrinho também foi determinada. Também foi anotada a distância de paragem e o tempo de paragem.

- O procedimento foi repetido mais quatro vezes.

Checkpoint 1

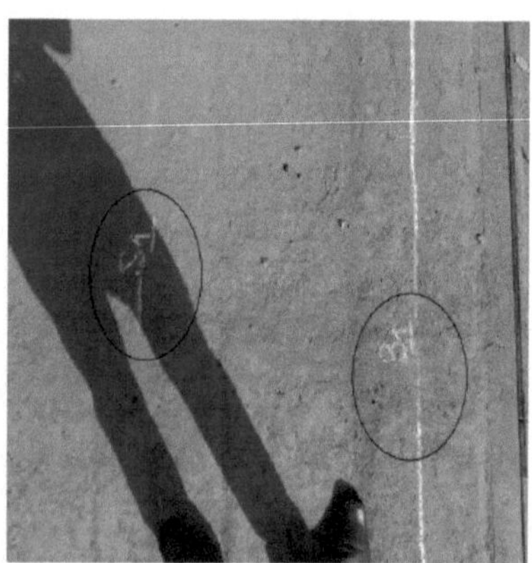

Checkpoint 2

Fig 6.1 Pontos de controlo da distância de paragem

Fig. 6.2 Medição do tempo de paragem e da distância de paragem (carrinho carregado)

6.4 Tabelas de observação:

Foram tidas em consideração tabelas de observação para vários critérios e condições.

A distância de paragem e o tempo de paragem foram medidos em superfícies planas e com declives. Estes valores foram obtidos para carrinhos vazios e carregados. Os dados de observação são os seguintes:

6.4.1 Carrinho vazio (sem sistema de travagem)

N.º de ensaio	Distância de paragem (cm)		Tempo de paragem (seg)	
	Superfície plana	Colina abaixo	Superfície plana	Colina abaixo
1	102	113	4.6	5.5
2	96	115	4.4	5.3
3	105	120	4.3	5.3
4	98	115	4.8	5.1
5	98	118	4.4	5.3

Tabela n.º 6.1 Esforço de travagem quando o carrinho está vazio (sem travões)

6.4.2 Carrinho carregado (sem sistema de travagem)

N.º de ensaio	Distância de paragem (cm)	Tempo de paragem (seg)

	Superfície plana	Colina abaixo	Superfície plana	Colina abaixo
1	81	93	4.6	4.9
2	80	91	4.2	5.0
3	77	94	4.1	4.8
4	85	98	4.3	4.7
5	82	95	4.0	5.0

Tabela n.º 6.2 Esforço de travagem quando o carrinho está carregado (sem travões)

6.4.3 Carrinho vazio (com sistema de travagem)

N.º de ensaio	Distância de paragem (cm)		Tempo de paragem (seg)	
	Superfície plana	Colina abaixo	Superfície plana	Colina abaixo
1	72	83	2.6	3.1
2	69	88	2.5	3.2
3	73	90	2.5	3.3
4	69	85	2.5	3.1
5	65	88	2.4	3.3

Tabela n.º 6.3 Esforço de travagem quando o carrinho está vazio (com travões)

6.4.4 Carrinho carregado (com sistema de travagem)

N.º de ensaio	Distância de paragem (cm)		Tempo de paragem (seg)	
	Superfície plana	Colina abaixo	Superfície plana	Colina abaixo
1	54	66	2.1	2.9
2	48	66	2.2	3.0
3	51	69	2.1	2.8
4	46	65	2.3	2.6
5	48	68	2.0	2.5

Tabela n.º 6.4 Esforço de travagem quando o carrinho está carregado (com travões)

6.5 Discussão dos resultados dos ensaios

Os registos de ensaios obtidos em várias condições de funcionamento para carrinhos equipados com rodas pneumáticas foram analisados como descrito acima.

1. A distância de paragem do carrinho vazio numa estrada plana é menor do que numa descida.

2. A distância de paragem do carrinho carregado numa estrada plana é menor do que numa descida.

3. O tempo de paragem do carrinho vazio numa estrada plana é menor do que numa descida.

4. O tempo de paragem do carrinho carregado também é menor em estrada plana do que em descida.

Comparação dos esforços de travagem entre com e sem sistema de travagem

1. Quando existe um sistema de travagem, a distância de paragem do carrinho numa estrada plana é cerca de 30% inferior à do carrinho sem sistema de travagem.

2. Além disso, o tempo de paragem é reduzido em cerca de 50% em estrada plana quando é utilizado o sistema de travagem.

CAPÍTULO 7. CONCLUSÕES E PERSPECTIVAS FUTURAS

7.1 Conclusão

O estudo do "Carro de Boi Amigo do Touro" leva-nos a compreender as várias soluções que ajudarão a minimizar os esforços dos touros. O sistema de travagem implementado no carro ajudará os touros a evitar perigos em situações de descida e acidentais.

Os resultados do sistema indicam que a vida humana se tornará mais segura porque o sistema pára a carroça de acordo com a vontade do operador. Também ajuda os novilhos a obterem conforto porque a paragem da carroça em descidas era um problema importante que é resolvido por este sistema.

7.2 Âmbito futuro

Esta solução fornecida pelo "Bullock Friendly Cart" dará uma solução económica ao problema dos carros de bois. É necessário que várias fábricas de cana-de-açúcar tomem a iniciativa para este projeto "Bullock Friendly".

O mecanismo de engrenagem tem um enorme alcance neste trabalho. Devido a alguns problemas que se colocam atualmente, torna-se difícil instalar o sistema de engrenagens no carrinho. Estes problemas incluem:

- Pouco espaço livre: Quando se trabalha em terrenos lamacentos, o sistema pode deixar de funcionar.

- A conceção torna-se complexa.

- O sistema não será fácil de manusear pelo condutor.

Se estes problemas forem resolvidos, então o mecanismo de engrenagem será facilmente implementado no carro. Este mecanismo ajudará a melhorar o nível de conforto tanto dos touros como do condutor. Além disso, garantirá cada vez mais medidas de segurança

O NOSSO GANHO

> Os nossos conhecimentos de software foram consideravelmente melhorados durante o trabalho de conceção de diferentes partes dos travões.

> Ficámos a saber como funciona o sistema de informação nas grandes organizações, como a fábrica de açúcar Rajarambapu, em Sakharale.

> Adquirimos conhecimentos práticos sobre o funcionamento do sistema de travagem. Anteriormente, tínhamos estudado o sistema teoricamente e alguns conceitos não eram claros nessa altura. A fase de implementação do sistema do projeto ensinou-nos o funcionamento do sistema de travagem de uma forma comparativamente simples.

> Tomámos conhecimento de vários processos de maquinação de precisão durante o processo de implementação do sistema.

> Durante o trabalho do projeto, tivemos muitas interações com pessoas do terreno. Compreendemos várias formas novas de interagir com o mundo exterior.

> Compreendemos a forma de preparar relatórios normalizados de qualquer trabalho de projeto.

> Durante todo o trabalho do projeto, estudámos a coordenação da equipa.

REFERÊNCIAS SELECCIONADAS

1. S. S. Venkatramanan, CVS Venconvave Private Limited, C 50, N.D.S.E. - I, "Value Engineering The Ox Cart - A Project Toward The Goal Of World Happiness".

2. M R RAGHAVAN e D L PRASANNA RAO, "A study on bullock carts", Departamento de Engenharia Mecânica, Instituto Indiano de Ciência, Bangalore 560 012, MS recebido em 20 de outubro de 1979

3. K. N. Ramanujam, "Rural Transport in India", 1993, primeira edição, p.p. 45-90

4. A. L. Kapelevich, Y. V. Shekhtman, Diret Gear Design: Bending Stress Minimization, Gear Technology, setembro/outubro de 2003, 44 - 49.

5. A.A.Herbart e A.O. Currie, Axle Carrier Manufacturing and Implementing, Borg Warner Australia, Pontiac firebird, 25-29.

6. Sr. Santosh S Bagewadi, Dr. S. N. Kurbet e Prof. I. G. Bhavi, "Spiral Bevel Pinion for Mahindra Bolero Gearbox", Ago-2012, 12-35.

7. S. H. Gawande, S. V. Khandagale, V. T. Jadhav, V. D. Patil e D. J. Thorat, "MFWD- Differential Crown Gear and Pinion", 25.

8. Raghavan, M.R. e H.R. Nagendra. Análise de engenharia do projeto de um carro de bois de duas rodas". C2, Parte 4, dezembro de 1979.

9. Plumbe, A.J. e D.J. Savage, Bullock cart haulage in Sri Lanka. Departamento do Ambiente Departamento dos Transportes TRRL Relatório de Laboratório LRlOO6. Crowthorne, Transport and Road Research Laboratory, 1981.

yes
I want morebooks!

Buy your books fast and straightforward online - at one of world's fastest growing online book stores! Environmentally sound due to Print-on-Demand technologies.

Buy your books online at
www.morebooks.shop

Compre os seus livros mais rápido e diretamente na internet, em uma das livrarias on-line com o maior crescimento no mundo! Produção que protege o meio ambiente através das tecnologias de impressão sob demanda.

Compre os seus livros on-line em
www.morebooks.shop

Printed by Books on Demand GmbH, Norderstedt / Germany